了不起的中國人

給孩子的中華文明百科

── 從泥土製陶到現代農業 ──

狐狸家　著

新雅文化事業有限公司
www.sunya.com.hk

目錄

土地饋贈：野草

4 - 5

了不起的早期農耕：
種植與收穫

6 - 7

了不起的五穀：麥菽稻稷黍

8 - 9

4-15

了不起的夯土技術

16 - 17

了不起的磚瓦：秦磚漢瓦

18 - 19

了不起的民居：土窰洞和土樓

20 - 21

16-27

了不起的陶製樂器：
陶鼓和陶塤

28 - 29

了不起的漢陶

30 - 31

了不起的唐俑和唐三彩

32 - 33

28-39

了不起的活字印刷術

40 - 41

中國人的民間信仰：
土地神和社日

42 - 43

了不起的農業：梯田和圩田

44 - 45

40-51

了不起的中華大地：四方水土

52 - 53

了不起的現代農業

54 - 55

了不起的現代水泥和混凝土

56 - 57

52-63

了不起的原始製陶技術

10 - 11

了不起的原始陶器

12 - 13

與土有關的中國智慧

14 - 15

了不起的防禦工事：萬里長城

22 - 23

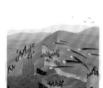

了不起的秦始皇兵馬俑

24 - 25

了不起的金屬鑄造技術：陶範

26 - 27

了不起的瓷器：複雜工藝

34 - 35

了不起的瓷器：色彩紛呈

36 - 37

了不起的泥塑和泥玩

38 - 39

了不起的農業：傳統農家肥

46 - 47

了不起的農業：
稻田養魚和桑基魚塘
48 - 49

中華文明與世界．土之篇

50 - 51

了不起的現代道路系統

58 - 59

了不起的現代土地保護

60 - 61

土的小課堂
土的小趣聞
62 - 63

土地饋贈：野草

土地，是大自然賜予人類最神奇的禮物，它擁有孕育萬物的力量。正因為有了它的庇護，人類才得以生存。很久很久以前，土地還未被開墾，上面生長着各種結着果實和草籽的植物。土壤為植物供給養分，陽光為它們注入能量，就這樣，這些植物自然地生長、開花結果，成為我們的祖先唾手可得的食物。

發現

祖先們發現一些野草的種子可以拿來吃，還會在成熟之後自然掉落，回歸大地。

人類並不是生來就會種植糧食。最初，他們靠採集野果、打獵捕魚為生。在大自然中生活久了，他們逐漸觀察到一些奇妙的現象：某些野草的種子落到泥土裏會發芽、開花和結果；當這些種子長大後，又結出更多的種子。人們把這些種子放在火裏烤熟或用水煮熟，就可以填飽肚子。這些生命力頑強的野草，被聰明的人類採集，是最早期的莊稼。

發芽
掉落到泥土裏的種子破土而出，很快變成幼苗。

成熟
幼苗漸漸成熟，結出了更多的種子。

去殼
祖先們收集可以吃的野草種子，還學會搗去它們的外殼後才食用。

了不起的早期農耕：種植與收穫

　　明白了種子生長的自然規律之後，人們開始有意識地學習種植。他們收集種子，再把種子撒播入土壤裏，細心照料，等待收穫。慢慢地，人們掌握了越來越多的種植技術，製作出越來越多的農具。了不起的早期農耕文明誕生了。

開溝
祖先們在堅硬的土地上開出一道道溝，令土地鬆軟。這令播種的過程變得更容易了，莊稼也長得更好了。

耒（粵音自）
古代翻土用的農具，可以用來翻土和挖溝。

播種
把收集來的種子撒播入泥土裏，生根發芽，結出新的種子。

土地也有脾氣和個性，哪裏的土地適合種植呢？那就是大河兩岸。上游的河水沖刷出的泥沙在下游河岸堆積，形成平坦又富有營養的土地。奔騰的河水為莊稼提供成長所需的養分。於是，我們的祖先聰明地選擇沿河而居，守護着兩岸的農作物。中國幾千年的農耕文明長河，從這裏開始慢慢流淌。

除草　各種不起眼的雜草會吸收土壤養分，影響莊稼生長。於是祖先們清除雜草，讓莊稼長得更好。

白菜
它最初的名字叫作「菘」（粵音鬆）。早在幾千年前，祖先們就發現這種菜可以食用。

收割
早期的農具不多，在收穫的時候，人們只會用簡單的工具割下飽含種子的穗，還不會連着稈一起收割。

了不起的五穀：麥菽稻稷黍

不同的莊稼有不同的個性，生長環境也有所不同。祖先們不僅將野草變成了可口的食物，還發現了讓各種植物茁壯成長的秘密。比如稷（粵音積），它能耐乾旱，即使在缺水的北方，仍然可以快活地生長；而稻呢，偏偏喜歡濕潤，最好把它種植在南方江河旁的沼澤地裏。

五穀
古時候的「五穀」通常是指稻、黍、稷、麥、菽五種糧食。

菽（粵音熟）
豆的總稱，在最早期指的是大豆。

麥
俗稱小麥，在中國北方種植面積較廣，是人們重要的糧食來源。

麥粒
麥穗裏長滿了香甜飽滿的籽實。

豆子
圓溜溜的豆子是人們非常愛吃的糧食。

春米
將曬乾的穀穗放在石臼中，用棒槌砸去外殼，留下米粒。

容器
原始社會末期，人們已經懂得製作罐、鉢等陶器來盛載糧食。

曬米
收割後的稻穀，要攤在太陽下曬乾。

平原上漸漸種植起大片大片的莊稼，糧食的種類也越來越多。春秋戰國時期，人們已經大量種植麥、菽、稻、稷、黍（粵音鼠）。「五穀雜糧」、「五穀豐登」，所指的就是這五種穀物。收成的季節到了，人們在大地上忙碌着收割、晾曬、去殼……再用稻蒸出白米飯，用麥磨成的麵做餅，生活裏充滿五穀的芬芳。五穀，是我們的祖先和大地合作的偉大莊稼，四季輪迴，生生不息，它們默默滋養着中華文明。

稻

稻原本是一種喜歡沼澤地的野草，後來慢慢被人們種植在水田裏。

稷

非常耐旱，可以在中國北方大面積種植。品種很多，籽實有白、紅、黃、黑、橙、紫等各種顏色。

稻穀

去殼後就是白白的米粒，煮熟後就是我們常吃的白米飯。

穀子

稷去殼後的米粒，顆粒非常小，所以又叫小米。

黍

黍的種子，煮熟後很黏，可以用來釀酒、做糕。

黍籽

黍去殼後叫黃米，顆粒比穀子略大。

糧倉

人們吃不完的糧食會存放在哪裏呢？漢代人建造了圓柱狀的糧倉，用來儲存餘糧。

大餅

人們把麵做成餅，作為餐桌上的主食。

磨麵

人們將小麥磨成麵粉，製作各種麵食。

了不起的原始製陶技術

當泥土遇上水，會發生怎樣的反應？它們會被混合成軟軟的泥巴，就像我們經常玩的橡皮膠一樣。在過去，人們也很喜歡玩泥巴，他們會坐在河邊玩泥巴，眼裏看着、心裏想着、手裏捏着，就捏出了各種各樣的形狀——罐子、瓶子、盆子……

1 把乾泥土捶成細細的泥巴粉，加上水揉成泥巴團，這就是陶泥。

2 把陶泥搓成長條狀，一圈圈地盤成器物的形狀，就成了陶坯（粵音胚）。

3 把陶坯放到陰涼處晾乾。

4 可以在晾乾的陶坯上畫一些圖案，留下自己的專屬記號。

當這些用泥巴捏出的作品遇上火，又會有怎樣的奇遇？它們由柔軟變得堅硬，變成了耐用，可以盛放東西的陶器！聰明的祖先們把捏好的泥巴作品晾乾，從泥土製陶，然後用火去燒，以高溫燒製成器物。陶器，是人類把土和水混合之後創造出的嶄新事物，是大自然裏原本沒有的東西，是我們祖先的偉大創造。

5 最後，將陶坯放到土窯裏燒製。燒好冷卻後，一件手工陶器就完成了。

了不起的**原始陶器**

　　試想像一下，古時在沒有陶器的年代，我們該怎麼生活？餓了，渴了，找不到盛放食物和水的器皿，全靠一雙手去抓、去捧，實在太不方便了。陶器的出現，改變了人類的生活方式；人們用陶器烹煮食物、保存糧食，生活變得更加方便和健康。更讓祖先們興奮的是，他們在把泥巴變成陶器的過程中，發現了陶泥的可塑性很高，除了用來吃飯、喝水，陶器還有更廣泛的用途。他們愛上了創造各種器物！

釜灶
這是祖先的炊具。上部可放食物，下部可填塞木柴等燃料。

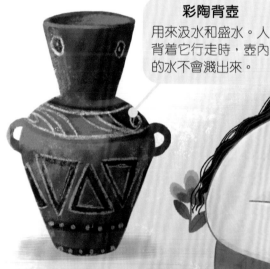

彩陶背壺
用來汲水和盛水。人背着它行走時，壺內的水不會濺出來。

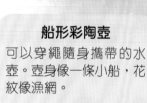

船形彩陶壺
可以穿繩隨身攜帶的水壺。壺身像一條小船，花紋像漁網。

扁足陶鼎
陶鼎可以用來煮食物，是祖先常用的炊具。

雙隔陶調色盒
中間有間隔，可以同時調製出兩種不同的顏料。

最初，祖先們只是用常見的黏土來製陶、燒陶，經歷很多次試驗之後，他們開始學會選擇不同的陶土。當窯內溫度升高，陶泥裏所含的金屬成分隨之發生變化，陶器就呈現出粉紅、深紅、青黑等各種色彩，顏色鮮艷美麗的陶器誕生了。人們在陶器上面繪製漂亮的紋飾圖案，製造出許多實用又精美的器具和工藝品。直到今天，這些原始陶器仍是人類文明的珍寶。

鸛魚石斧圖彩繪陶缸

這是一件陪葬品。陶缸上畫了一隻神氣的白鸛，嘴裏叼着一條魚，旁邊有一把石斧。

陶豬

這隻陶豬的原型可能是被祖先們圈養的野豬。

小口尖底瓶

原始時期取水用的瓶子，底部尖尖的，瓶耳上可以繫繩子。

人面魚紋彩陶盆

陶盆內的圖案由人面和魚組合而成，畫面充滿着奇幻氣息。

彩陶人面像

祖先用紅泥製作的藝術品，人面造型生動傳神。

陶鷹鼎

可能是祭祀神靈的器具。整個鼎的造型像一隻勇猛的雄鷹。

彩陶雙連壺

這是喝酒的酒器。兩個壺體緊緊相連，腹部有一個圓孔相通。壺兩側各有一隻「小耳朵」，可以讓兩個人共飲。

與土有關的中國智慧

兵來將擋，水來土掩

敵人來了，將軍需要帶兵抵抗。大水來了，該怎麼辦呢？人們用泥土建起高高的堤壩抵禦洪水，保護自己的家園。中國人常用「兵來將擋，水來土掩」形容面對任何困難都有對應的解決辦法。

太歲頭上動土

在古代，蓋房子有許多忌諱。傳說太歲是天上的歲神，是木星的化身。天上的木星運行到哪個位置，太歲就會落在哪個方位。古時人們較迷信，說在太歲出現的方向動土蓋房子，會招來災禍。

土行孫

自古以來，我國有不少和土地相關的神話人物，比如土行孫。他是小說《封神演義》中的人物，身材矮小，面如土色，擁有能鑽入地下自由行走的本領。

掘地三尺

古人為了保障財產的安全，會把家裏的財寶埋進土裏。所以，後世子孫如果搬家或遷徙，常常會做「尋寶遊戲」，在前後院都仔細翻上一遍，希望能挖出先人埋在地下的財寶。中國人常用「掘地三尺」來形容在一定範圍內仔細尋找東西，找到不能再找的程度。

寸土不讓

國家領土神聖不可侵犯，每一個中國人都是神聖國土的守護者。世世代代，日日夜夜，戰士們駐守邊疆，忠誠守衛着腳下的熱土，決不將一寸土地拱手讓於外人。

泥菩薩過河

古代的佛教徒曾用泥土雕塑了很多菩薩像用於供奉。泥土遇水化為泥漿，泥菩薩雕像遇水也會被浸壞。中國人用「泥菩薩過河——自身難保」來形容有些人連自己都保護不了，更顧不上幫助別人了。

水土不服

中國人認為離開家鄉去不熟悉的地方生活，不但會思鄉情切，而且容易因為不適應新環境而出現各種不適。這種狀況被稱作「水土不服」。有些古人在離家遠行前會用紅紙包上一把家中灶台裏的泥土，讓自己日後在他鄉時以此緩解思念之苦。

女媧造人

在中國神話傳說中，女媧是大地之母。相傳，她在河邊用黃土按照自己的樣子捏泥土造人。後來為了節省時間，她就用藤條把泥漿甩向大地，一個個泥點落地後都變成了人。

了不起的夯土技術

我們的祖先最初住在山洞裏，後來漸漸在平原上搭建起簡單的住所。南方人會把木樁扎進泥濘濕地裏，架起簡陋的小木屋；北方人則在地下挖出一個洞，再用木頭、泥和乾草搭架壘牆。但是這些房屋地基不牢固，很容易被野獸襲擊，人們都渴望擁有更牢固、更安全的房子。

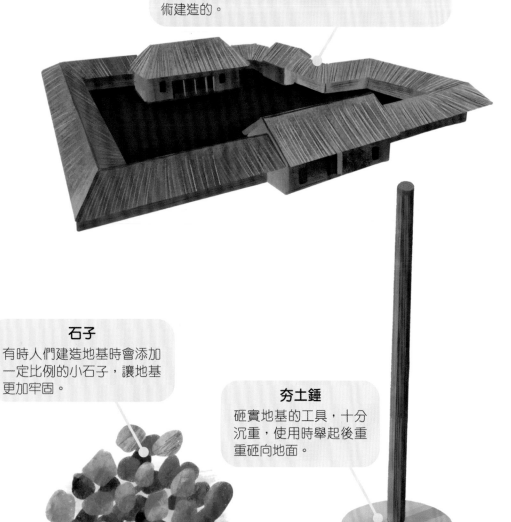

早期宮殿

河南偃師二里頭（偃，粵音演）遺址的早期宮殿建築，很多都是草屋。宮殿的圍牆和地基都是用夯土技術建造的。

石子

有時人們建造地基時會添加一定比例的小石子，讓地基更加牢固。

夯土錘

砸實地基的工具，十分沉重，使用時舉起後重重砸向地面。

好房子必須建築在平坦結實的地基之上，夯土技術就這樣出現了。夯（粵音坑），就是砸的意思，用重物把鬆軟的地面一次次砸結實了，這樣地基就不容易坍塌。夯土需要很大的力氣，你看，「夯」這個字，就是由「大」和「力」組成的。人們合力抬起重物，砸向地面，一齊喊出「嘿呦嘿呦」勞動。漸漸地，人們開始羣居築牆，形成了原始的村落。

夯土
人們用夯土錘打實土堆，建造土牆和土台。

土屋
古時候，人們用木頭建造房子，常常會在外層塗上一層泥巴，這既可防火又保溫。有的人更會在泥巴裏加入了花椒粉，讓房子散發香氣。

版築
把幾塊木板圍起來，倒進泥土一層層夯實，這就是版築。版築常用於建造高牆和高台。

取土
建造地基或土牆時，通常會選取黏性比較好的黃土當作夯土的材料。

了不起的磚瓦：秦磚漢瓦

乾草和泥土建造的茅草屋，經不起風雨的長期侵蝕。戰國時期，人們學會將泥土製成方形磚坯，放在窰裏燒製成磚塊。有了磚塊作為建築材料，人們得以離開茅草屋，搬進更加牢固的房子。秦漢時期，畫像磚非常流行，磚上雕有各種紋飾或繪有射獵、宴客等場景。當年的匠人們在雕刻繪製時，一定帶着對生活的細緻觀察和熱愛吧。

黏土
只有特定的黏土才能燒成質地堅硬的磚塊。

木磚模
成塊的黏土放在磚模裏壓實成型。

磚坯 成型後的方形泥塊就是磚坯，可以放進窰裏燒製，燒好的磚會變成紅色或青色。

小篆體十二字磚
秦代很多磚都會刻字進行裝飾。這塊磚上用小篆刻了十二個字，字形優美。

龍紋空心磚
這塊秦磚內部是空心的，磚面印着兩條交織的巨龍，環抱着三個圓璧。

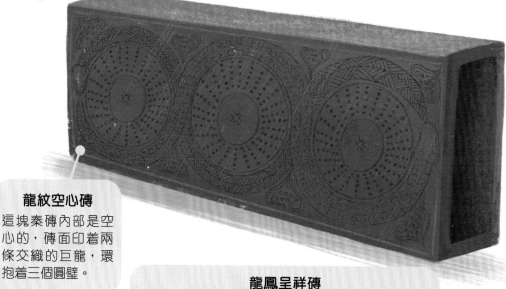

龍鳳呈祥磚
龍和鳳都代表着祥瑞。兩隻翩翩起舞的鳳圍繞着巨龍，飽含着對美好生活的嚮往。

瓦也是用泥土燒製的，是鋪屋頂用的材料。用泥先製成圓筒，再切成兩片或三片。半圓形的瓦稱作筒瓦，筒瓦的頭端叫作瓦當。中國古代的瓦當上經常雕有精美紋飾，特別是漢代的瓦當，上面有多變的人面、威武的神獸、舒捲的雲紋，是令人驚歎的藝術佳作。從這一時期磚瓦細節的考究，可以想像出當年建築的華美模樣，於是秦漢時期的青磚古瓦，便有了「秦磚漢瓦」的美譽。

筒瓦 半圓形的筒瓦扣在屋頂上可以防雨。

人面紋瓦當 漢代的瓦當上經常刻有各種各樣的人面作裝飾。看看它們，像不像一個個小面具？

屋檐上的瓦當
屋檐上的瓦當可以讓屋頂的雨水迅速滴落。

四神瓦當
漢代，四神瓦當非常流行。它由青龍、朱雀、白虎、玄武四個圖案組成，代表着東、南、西、北四個方位。人們常在建築中使用四神瓦當來表達辟邪祈福的願望。

了不起的民居：土窯洞和土樓

房屋，是居住之所，是讓我們最有安全感的地方。中國西北的黃土高原土層很厚，人們利用地形，鑿壁而居，建造了許多窯洞。窯洞頂部是拱形的，很穩固，陽光可以從窯頂的高窗照進來，洞裏也很明亮。從遠處看，窯洞、院子和山坡渾然一體，構成了西北地區獨特的風景線。

窯洞頂
中國人在山坡上挖窯洞，窯洞上方還可以種菜呢。

土窯洞
窯洞裏冬暖夏涼，直到現在，還有不少人居住在這種房子。

窯洞內部
窯洞內部很寬敞。

在中國南方，有一種世界上獨一無二的山村民居，叫作土樓。那裏的山民們將黏土和沙土拌在一起，夾着木板一層層夯實，築成了這些很大型、結構堅固、風格獨特的建築。土樓的形狀有方的，也有圓的，從外形看，真是無懈可擊的堡壘啊！直到今天，福建等地還保存着大片大片的土樓。

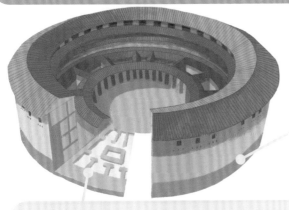

夯土牆 年代久遠的土樓雖已破敗不堪，但結實的夯土牆依然屹立不倒。

土樓大門 很多土樓只有一個大門，「一夫當關，萬夫莫開」。

院子 人們在土樓中央的院子裏進行各種活動。

晾曬 人們將醃臘食品、草秸等掛在走廊裏晾曬。

屋子 土樓裏家家戶戶的屋子非常相似，沒有地位高低之分。

土樓羣 人們聚集而居，一座座土樓彼此相連。從天空向下看，它們就像大地上長出的一朵朵大蘑菇。

了不起的防禦工事：萬里長城

為了保護邊疆，做好軍事防禦工作，從春秋戰國到明代，許多王朝都致力於修築長城。春秋戰國時期，一些諸侯國將土坯或石塊層層疊起來當城牆，用長長的城牆來保衛家園。秦始皇統一中國後，把舊長城修繕並連接起來，這就是最初的長城。到了明代，更是連片修築長城。我們今天看到的萬里長城，基本上都是在明代時修建的。

擋馬牆
有的地方會建一堵跟長城平行的矮牆，用來阻止敵軍快速逼近。

壕溝
長城外側有時會根據地勢挖一條深溝，用來阻擋敵軍的騎兵。

天田
一些重要地方會在地面鋪上細沙或細土，如果有入侵者經過，就會留下痕跡，守衛的將士可以依據這些痕跡判斷敵情。

工匠
長城是一項規模浩大的古代軍事工程。秦代有幾十萬人被徵調去修長城，很多人在修築過程中就去世了，再也沒有回到家鄉。

搬運石料
工匠們從深山中採下巨石，再修整成平整的石塊，搬運到長城工地上使用。

氣勢磅礴的長城究竟是怎麼修建的呢？說起來，這真是一項艱苦的工程。依據地勢，人們在山脊上平坦的地方夯土做地基。遇到險峻地勢，就得用筐將土一點點搬運上山。古代沒有現代的運輸設備，修築長城的磚石都是依靠人力背送。長城跨越崇山峻嶺，也經歷激流險灘。為了修築長城，很多人背井離鄉，付出了巨大的犧牲。

秦代長城
為了防備北方遊牧民族，秦始皇用了近十年的時間，將燕、趙、秦三國之前修建的長城修繕、加固並連成一體。

烽火台
長城上有很多烽火台，發現敵人時白天燃煙，夜晚點火，及時通知大家有外敵來襲。

了不起的秦始皇兵馬俑

人的生命是有限的，但古代人相信，人死之後還會在另一個世界繼續生活，所以下葬的時候，常會有一些陪葬品。皇族的陪葬品異常豐富。秦始皇是中國歷史上第一位皇帝，他的陵墓是一座神秘莫測的大地下宮殿。陵墓東側巨大的陪葬坑，猶如一座地下軍事博物館，舉世聞名的秦始皇兵馬俑就是在這裏被發現的。

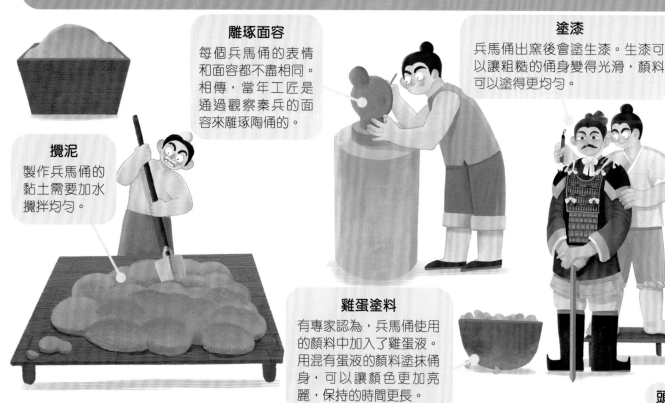

雕琢面容
每個兵馬俑的表情和面容都不盡相同。相傳，當年工匠是通過觀察秦兵的面容來雕琢陶俑的。

塗漆
兵馬俑出窰後會塗生漆。生漆可以讓粗糙的俑身變得光滑，顏料可以塗得更均勻。

攪泥
製作兵馬俑的黏土需要加水攪拌均勻。

雞蛋塗料
有專家認為，兵馬俑使用的顏料中加入了雞蛋液。用混有蛋液的顏料塗抹俑身，可以讓顏色更加亮麗，保持的時間更長。

頭部模型

秦始皇兵馬俑
它們是秦代中國人用泥土創造的珍貴藝術品，被譽為「世界第八大奇跡」。

也許你去過西安，參觀過兵馬俑。兵馬俑是用黏土燒製的雕塑陪葬品，栩栩如生，它們都是參照真人和真馬的大小製作。在俑坑中，它們整齊地排列成軍陣，非常有氣勢。那些士兵俑有的身披鎧甲，手持兵器；有的駕駛戰車，準備馳騁沙場。陶馬昂首嘶鳴，似乎就要揚蹄奔向遠方。秦始皇兵馬俑出土後，震驚世界，是輝煌的中國古代文明的代表。

綠臉俑

這個彩色兵俑面部被塗成了綠色。這可能是工匠塗錯了顏色。也有專家認為，它可能是一名「特種兵」。

戰車俑

俑坑裏還有威武的戰車，車前套着陶馬。

石鎧甲

陪葬坑裏埋有大量的石鎧甲，有的鎧甲以將近 800 片甲片製成。

石冑（粵音就）

冑就是頭盔，在戰鬥中可以保護士兵的頭部。

了不起的金屬鑄造技術：陶範

範，指是鑄造器物的模具。中國人用陶泥燒製而成的範叫作陶範，它是商周時期鑄造青銅器不可缺少的工具。青銅器有的小巧精緻，有的高大華麗。每一件精美的青銅器，源自這些陶範。

1 製作陶範需要大量的泥土，人們先挖取泥土，運回去備用。

陶範

2 泥土與草木灰等材料混合後，加水揉捏，製成一塊塊陶泥塊，方便使用。

3 將陶泥塑成泥模，並在上面雕刻紋飾，最後燒成陶製樣模。

4 在樣模外層敷上陶泥壓實，半乾時切成整齊的塊狀脫下，這就是不同部位的「外範」。然後，再根據樣模用陶泥製作「內範」。

用陶範鑄造青銅器可不是一項輕鬆的工作。人們先要用陶泥燒製出各種形狀的陶範，將外範和內範合在一起後，再澆入混合了鉛、錫的銅水。待滾燙的銅水漸漸冷卻後，便使勁打碎外範，再掏出內範，就得到一件精美的青銅器了。由於鑄造青銅器的陶範只能使用一次，形狀、紋飾完全相同的青銅器物並不多見。陶範，是青銅器背後名副其實的「無名英雄」。

8 人們將製造好的青銅器運到需要的地方。

7 銅水冷卻後，將外範打碎，就可以看到已經成型的青銅器。

6 合成的陶範上可以看到澆鑄孔和排氣口，人們把銅水從澆鑄孔灌注入模。

5 將外範一塊塊拼合，最後把外範和內範拼合成完整的陶範。

了不起的陶製樂器：陶鼓和陶塤

　　當遠古的先民開始在大地上勞作時，他們在漁獵和耕耘中感受到了聲音的美妙。人們發現，拍打陶罐、陶盆會發出聲音，於是製造出陶鼓。用陶土燒製鼓身，在圓圓的鼓面上蒙上一層獸皮，拍打時就能發出「咚咚咚」的聲響。部落之間發生戰爭時，人們常敲擊陶鼓傳遞消息。後來的周朝人祭祀時也常常敲鼓，他們認為渾厚的鼓聲是一種神秘語言，可以用來和神靈對話。

喬代印紋硬陶鼓
這個陶鼓有點像腰鼓，只是鼓身上有個提手。

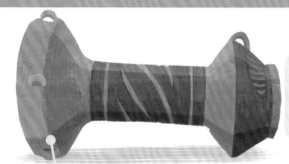

尖底紅陶鼓
這個紅陶鼓看上去像不像現代的火箭？

黑彩單面陶鼓
這個陶鼓中間是空心的，鼓身的一端有六隻小彎鈎，可以用來固定鼓面上的皮革。

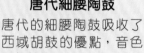

唐代細腰陶鼓
唐代的細腰陶鼓吸收了西域胡鼓的優點，音色更加悅耳。

彩陶鼓
這個彩陶鼓兩端各有一個「耳朵」，穿繩後就可以把它背在身上。

陶土還能製作成其他樂器。很久以前,祖先發明了古老的吹奏樂器——塤(粵音圈)。用陶土捏成泥模,在表面開幾個圓圓的小音孔,再燒製成塤,陶塤看上去像是個光滑的鴨蛋。最初陶塤只有兩孔,後來漸漸演變成六孔,並做成不同的形狀。吹奏陶塤時,會發出獨特的嗚咽聲音。據說在遠古時期,祖先們曾用塤聲來誘捕獵物。

五孔和六孔陶塤
塤慢慢演化出五孔、六孔等更多的音孔,孔越多,聲音的範圍越廣。

灰陶塤
這個陶塤中部是空心的,有一個吹孔、兩個音孔,是早期陶塤的代表。

羊形陶塤
商人已經燒製出了各種形狀的陶塤。這個羊形陶塤造型奇特,可以吹出特別悲傷婉轉的聲音。

陶塤玩具
這些小陶塤都是宋代兒童把玩的樂器,既能奏樂,又可以當玩具。

了不起的漢陶

漢代是中國歷史上最強盛的朝代之一，經濟穩定繁榮，百姓安居樂業，人們產生出前所未有的創造力。當時的工匠遍尋生活的細節之美，用慧心和巧手，燒製出各種反映現實生活場景的陶器，讓現今我們得以通過這些有趣的藝術品，了解漢代社會的生活面貌。

漢代的陪葬品中有許多陶製品，它們都描繪出漢代的生活場景，非常質樸有趣。

說唱俑

這個正在進行說唱表演的藝人雕塑，張開嘴，笑容傳神，似乎正表演到最精彩的地方。說唱藝術在東漢已成熟，並在民間流傳。

陶灶

漢代陪葬的陶灶上常刻着各種食物和炊具，顯示人們希望死後也能享受各種美食。

陶倉

陶倉是漢代常見的陪葬品。它反映了當時的人們對富足生活的嚮往。

漢代人燒製的陶器不但種類很多，而且在工藝水平和精美程度上遠超過往的時代。他們燒出了大量的灰陶和質地堅固的硬陶，還有影響深遠的低溫釉陶。釉，就是我們今天在家裏的陶瓷餐具表面經常看到的那層薄薄的、像玻璃一樣有光澤的東西。釉陶在燒製前，需要給陶坯塗抹一層釉料。釉料在窯火中熔化後，不但給陶器披上一層光彩照人的外衣，而且大大降低了陶器的吸水性。

綠釉陶豬圈
圍欄上方有一座廁所，糞坑與豬圈相通。豬圈與廁所合一，反映出漢代人們的生活習俗。

綠釉陶雞
在漢代，人們廣泛圈養雞隻，牠們是當時人們重要的肉食來源之一。

綠釉陶狗
陶狗仰天齜牙，眼睛瞪得圓圓的，為主人看家護院。

了不起的唐俑和唐三彩

　　唐代國力強盛，老百姓生活安樂。這時期的陪葬品也越發生動精美。墓葬中有很多泥土燒製的小陶人——唐俑。最初的唐俑很樸素，後來隨着審美發生變化，人們想要色彩更加豔麗的陶俑。製陶技術的飛速發展幫助人們實現了願望。中國陶文化發展史上又一巔峯之作出現了，那就是著名的唐代三彩釉陶器，又稱「唐三彩」。「三彩」並不是指三種顏色，而是顏色很多的意思。

唐三彩載樂駱駝
唐代有許多西域商人來到中原。看，這匹駱駝載了五個人，中間的男子在跳舞，其餘四人圍坐着演奏胡樂。

唐三彩方櫃
唐代經濟發達，錢莊利用這種方櫃為顧客儲存貴重物品，就像現代銀行的保險櫃一樣。

唐三彩驛驢
唐代很多旅店會提供毛驢，供旅客在驛道來往時使用，這些毛驢被稱作「驛驢」。

唐三彩是怎麼製造出來的呢？工匠在燒製好而未上色的陶器上描摹出美麗的圖案，然後塗抹含有多種礦物的釉料，再重新進行燒製。釉料遇上高溫後熔化流動，就像融化的冰淇淋，彼此交錯融合；出窯之後，釉料便會呈現出絢麗斑斕的色彩。這些造型豐富的唐三彩展示了當時的生活風貌，見證了大唐盛世。

唐三彩鴨形杯

這隻杯子的杯口像一片荷葉，杯身造型是一隻回首銜尾的鴨子，姿態柔美。

唐三彩仕女俑

這位仕女衣裙上有美麗的美紋，雙手在胸前拱起，雍容華貴，展現了大唐仕女的風采。

唐三彩瓷枕

唐代時，人們已經開始在生活中使用瓷枕。

唐三彩藍釉馬車俑

雄壯有力的馬兒拉着帶有帷幔的馬車。這種馬車通常是供貴族婦女出行乘坐的。

33

了不起的瓷器：複雜工藝

　　中國人的家裏，總會有瓷器的身影。瓷器由陶器演變而成的，並在人們的生活中漸漸取代了陶器的地位。以前，製陶的工匠在採挖黏土時發現了一種特別的石頭——瓷石。瓷石被碾碎後成為瓷土，是製作瓷器必不可少的原料。到了元代，一些地區的瓷石變得越來越稀少，人們就在瓷土中摻入高嶺土，製造出更加堅硬、潔白的瓷器。

製釉灰
「釉無灰不成」，釉灰是給瓷器上釉的原料。

刷白
瓷工用白土調成泥漿刷在瓷胎上，像給瓷胎化妝一樣，讓瓷胎變得更加白淨。

鳳尾草
鳳尾草是製作釉灰的原料之一。

拉坯
將瓷土放在輪盤上，轉動輪盤，雙手按着瓷土向上提拉，就能把它按照需要的形狀拉成瓷胎。

彩繪
在燒製彩繪瓷時，工匠會用顏料在上面繪製精緻的圖案。

開片
人們在一些釉面開裂的瓷器上發現了獨特的美感，這種獨特的龜裂紋路被稱為「開片」。

石灰石
石灰石磨成粉，可以製作釉灰。

瓷器的製作過程真的很不簡單，要經歷很多道工序。薄如蛋殼的瓷胎、晶瑩剔透的瓷釉，製作它們的工藝經歷了無數次嘗試和改進。工匠們還會用草木灰、礦石等調製出各種顏料，在瓷器上細細描摹花鳥蟲魚、山水人物，讓瓷器更加精美。一件美麗的瓷器，背後不知凝結着多少人的汗水和心血。

剔花
給瓷胎化好妝後，有時會進行剔花，增強瓷器上圖案的立體感。

殘次品
製作瓷器需要耐心和技術，否則一不小心就會燒出一堆失敗的殘次品。

吹釉 清代工匠會用吹釉法上釉。他們用細細的竹管蘸取釉水，用嘴將釉水吹成薄霧噴向瓷胎。

了不起的瓷器：色彩紛呈

原始瓷器的顏色暗淡，製作工藝也比較粗糙。隨着製瓷技藝的不斷提高，人們學會選用不同的瓷土，並加入各種讓瓷器顏色變化的材料，瓷器變得越發美麗。隋代，人們燒製出較為成熟的白瓷。到了唐代，青瓷成了瓷器的代表。清新淡雅的白瓷和青瓷均深受人們的喜愛。

青瓷水仙盆
這是宋代的天青釉瓷器，橢圓形的水仙盆顏色潤綠。水仙盆是用來種水仙花的器皿。

天青釉蓮花式溫碗
這個天青色的青瓷碗是用來溫酒的器具。整個瓷碗的造型像一朵盛開的蓮花。

青釉魚耳爐
這是宋代的青瓷，造型素樸，可以用來焚香。

秘色瓷雞
秘色瓷器是唐朝越窯所燒青瓷中的精品。「秘色」是指這類瓷器專為皇家燒製，釉料配方對外保密。

白瓷孩兒枕
這是一件宋代白瓷枕。孩子白白胖胖，十分可愛。

中國人不僅喜歡溫柔的淡雅之色，對鮮豔明亮的色彩也充滿了熱情。「瓷都」景德鎮自元代開始燒製的青花瓷，胎體薄而輕巧，藍色紋飾給人清新感。後來，工匠們選用不同的材料調製釉料，使瓷器變得更加絢麗。通過「海上絲綢之路」，中國的瓷器被運往西方海外。聰明的中國人用泥和火，演繹出瓷器色彩絢爛的詩篇，並將它們分享給了全世界。

黑釉
黑色的黑釉茶盞在宋代常常被用來鬥茶。

釉裏紅
釉裏紅瓷器的紅色花紋在釉下，故此得名。

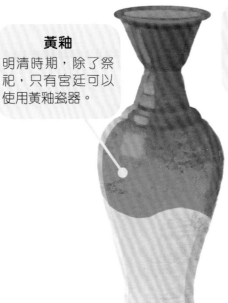

黃釉
明清時期，除了祭祀，只有宮廷可以使用黃釉瓷器。

紅釉
釉料中加入少量的銅，可以燒出青中帶紅的紅釉瓷器。

藍釉
藍釉最早出現在唐三彩中。

青花瓷
青花瓷瓷器在今天依然是非常主流的瓷器品種。

玫瑰紫釉
玫瑰紫釉瓷器的顏色紅裏泛紫。

了不起的 泥塑和泥玩

在古代，泥土是常見且易取得的材料，人們喜歡用它製作泥塑。古代中國人常常通過拜祭各路神靈來祈福。因為金屬塑像太昂貴，人們就用細膩的黏土塑造各種泥像。泥神像被塗上顏色與金粉，供奉於各處廟宇道觀，在香霧繚繞中見證人們對生活的不安和渴望。

媽祖廟
媽祖是中國沿海地區漁民、商人和旅客信奉的守護廟，很多人出海航行前都要先祭拜媽祖。

泥塑壽星公
壽星公代表着長壽，古代民間常祭拜壽星公來祈求身體健康。

泥塑財神
財神是古代民間百姓信奉的財富之神，人們通過祭拜財神像來祈求財運亨通。

泥塑山神
山神是守護大山的神，今天，在很多名山勝地，我們仍能看到古人留下的山神塑像。

你有沒有試過用泥巴捏點小玩意？古時候，人們用軟軟的泥巴捏製了許多小玩意兒，叫作「泥玩」。北宋時期流行的泥製「磨喝樂」，明清時期風靡民間的「兔兒爺」，精緻小巧，形態可愛，都是當時孩子喜歡的泥製玩具。泥玩雖小，卻是手藝人的精心之作。他們用自己的巧手巧思，為平凡生活增添了無限樂趣。

惠山泥人
惠山泥人是無錫的手工特產，用黏土捏製，色彩鮮豔，造型可愛。

兔兒爺
兔兒爺是一種泥製的傳統手工藝品，也是孩子們的玩具。民間將兔兒爺當作月亮的化身。明清時期，人們會在中秋節供奉兔兒爺像。

泥人張
聽說過「泥人張」嗎？「泥人張」現在是泥塑的一個派別，祖師爺名叫張明山。他喜歡觀察各種人物，捏出來的小泥人個個形象生動逼真。

泥人玩偶

了不起的活字印刷術

自從古人發明紙張後，書寫材料變得輕便了。但是在古代，抄寫書籍依然是一件很費工夫的事情。怎樣才能讓抄書變得更加省時省力呢？在隋唐時期，出現了雕版印刷：人們在平滑的木板上刻下工整的字，刷上墨汁，把紙張輕輕覆在上面，字跡就會留下來。人們發現這樣印刷可比抄寫快多了。

雕刻泥活字
把膠泥製成泥坯，用火微微烤硬，然後在上面雕刻反寫的字。

煮藥劑
泥活字排版時需要藥劑，藥劑是用松脂、蠟和紙灰在鍋裏熬成的。

排版泥活字
鐵盤裏先放一層藥劑，然後把一個個泥活字排好，用火烘烤。藥劑融化後，用平板把字面壓平成型。

印刷文字
給版面刷一層墨汁，將紙張貼在上面，用刷子輕壓，就能印出一頁文字了。

雕版印刷術是一項了不起的發明，可是，每一塊版面都需要刻很多很多字，還是費時費力。到了北宋時期，印刷術有了突破性的發展。畢昇是個喜歡思考和動手嘗試的人，他用膠泥製作泥活字排成版面，每一個泥活字都可以拆下來重新排版。畢昇發明活字印刷術比西方早了好幾百年，為人類文明的發展作出了很大貢獻。

畢昇
畢昇是一位普通的百姓，他是北宋時期的偉大發明家。

刷子
印字時，刷子要輕輕壓在紙張上，快速地滑過去。

松脂、蠟
松脂和蠟受熱會熔化，冷卻後會凝固，有定型的作用。

雕刻刀
用來雕刻泥活字的工具。

墨汁
要在版面均勻地刷上墨汁。

中國人的民間信仰：土地神和社日

土地是大自然贈給人類的珍貴禮物。春種，夏耘，秋收，冬藏，人們循着四季的氣息，從土地裏源源不斷獲取五穀——只要肯努力耕種，大地從不會讓我們失望。祖先們依賴着這片土地，對它滿懷深情又敬畏。他們將大地想像為一位神明，稱之土地神或社神。通過虔誠的祭祀儀式，他們向社神祈求農業豐收、衣食無憂。

社肉
祭祀時用的肉，也稱為「福肉」。祭祀完畢後，會分給參加社祭的每一戶人家。

社酒
祭祀時用的酒，很多人在社日常常不醉不歸。

土地公
傳說中管理一方土地的神，老百姓親切地叫他土地公。

相傳農曆二月初二是土地神的生日，人們在這一天立社祭祀，祈求這一年有好收成。漢代以後，人們在每年的春季和秋季各選一天祭祀土地神，分別叫作春社日和秋社日。大家在春天許下心願，在秋天懷着感恩的心迎接豐收的到來。社日是中國人獨有的節日，人們燒香祭祀、敲鑼奏樂、歡聚宴飲，共同觀賞精彩的社戲表演。

祭台
宋代時，百姓經常搭建簡單的祭台來祭祀土地神。

土地婆
傳說是土地公的老伴。

了不起的農業：梯田和圩田

很久以前，依山而居的人們因為地勢陡峭，找不到大片耕地，於是順着山勢，把傾斜的山坡改造成一層一層的小田地，遠遠看上去就像階梯一樣，就此形成了獨特的梯田。水稻、油菜等農作物順着這些階梯，拾階登上高山，並根據耕種和收穫的時節變換着色彩，成為美麗的高山風景。梯田，是聰明的中國人在土地上的神奇雕刻。

梯田
我國南方的山地區域有許多成片的梯田，現在仍在耕種。

石外圈
有時人們會在梯田外圈疊一層石塊，以減少雨水沖刷泥土，減少泥土流失。

梯田是向山要地，圩（粵音圍）田則是向水要地。水鄉的人們在淺水沼澤地帶築起堤壩，把水擋在外面，裏面圍出一塊田地，這就是圩田。堤壩上有水閘，這既可把水排出去，又可以在乾旱灌溉田地。過度開發圩田會對生態環境造成破壞，但在過去，由於糧食產量有限，為了生存，人們不得不動腦筋，努力擴大耕種面積以養活自己和家人。

圩田 圩田的周圍都是水，中間是可以耕種的土地。

油菜 中國種植油菜的歷史非常悠久。油菜的種子可以榨油。

了不起的農業：傳統農家肥

糞便是臭的，這是當然的啦。可是古人為什麼要把很臭的糞便收集起來？原來，糞便是很好的肥料。在長期種植莊稼的過程中，古人發現，通過施肥可以補充土壤的養分。於是，人們開始收集人畜的糞便、動物的屍骨，挖掘河塘裏的污泥，把草木燒成灰等方式來滋養農田，從而讓土地產出更多的糧食。

肥料對土壤的作用
農作物生長時會不斷汲取土壤中的營養成分，如果不施肥的話，時間久了土地就會變得貧瘠。肥料可以補充土壤的養分，保持土地肥沃。

秸稈肥
人們將秸稈鋪在家畜圈內，讓家畜踩踏，與家畜糞便混合成肥料。

糞肥
唐宋時期專門有人收集、運送城裏的糞便，以集中起來給田地施肥。

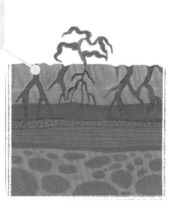

土地是沉默的奉獻者。為了給土地增加讓植物生長的能力，聰明的中國人嘗試製造更多的農家肥來滋養土壤。農家肥可以讓土地快速復原，為農作物提供養分。傳統的農家肥，來自大自然，又回歸大自然，是中國人與土地和諧共存的見證。

餅肥

餅肥是油料的種子榨油後剩下的殘渣，這些殘渣是很好的肥料。

火糞

草木混合燒成灰後被稱作「火糞」，裏面含有農作物生長所需的很多元素。

泥肥

常見的泥肥有河泥、塘泥、溝泥、湖泥等。這些污泥中含有很多的養分，可以提高土壤的養分。

了不起的農業：稻田養魚和桑基魚塘

依賴土地生存的人們，視土地為最寶貴的財富。早在幾千年前，祖先們就懂得充分利用好每一寸土地。聽說過稻田養魚嗎？早在漢代，中國人就發明了這種耕作和養殖方式。在稻田裏養小魚，魚會吃掉稻田裏的害蟲和雜草，牠們排泄的糞便給稻田帶來肥料。而稻田中豐富新鮮的餌料，能將魚養得更加肥美。人們收獲稻米和魚，也能保護生態環境。

田埂
稻田中間有高出田地的小路，方便人們行走。

魚
將小魚放入稻田裏養殖，稻田裏的蟲子和雜草成為了小魚的食物。

稻秧
將稻秧插入水田，游動在秧苗間的小魚會輕輕翻動水中的泥土，讓稻秧更好地生長。

中國南部沿海地區，河流眾多，土壤肥沃。人們把低窪地挖深，變成水塘。而挖出的泥土則堆放在四周作為地基，地基上種植桑樹，水塘裏養魚。桑樹上搖曳的嫩綠桑葉，被採摘去餵蠶；蠶糞用來餵水塘裏的魚苗，水塘的塘泥又被挖出來培育桑樹，在過程中互相「供養」，和諧而美好。

採桑
桑葉是蠶的主要食物，人們採摘桑葉養蠶。

撒蠶糞
人們將蠶糞收集起來，撒入水塘餵魚。

水塘養魚
水塘裏有很多魚，魚糞使塘泥變得更有營養。

蠶
蠶吐出的絲是非常好的天然纖維，可以用來製作珍貴的絲織品。

中華文明與世界·土之篇

製瓷技術

中國瓷器在漫長的歷史中廣受歐洲人追捧。由於對中國瓷器的需求量不斷增大，歐洲人在16世紀開始仿製瓷器。西方人學習了中國的製瓷技術後，經過不斷鑽研，到了工業革命時期，歐洲開始機械化生產瓷器。

印刷術

中國人早在宋代就發明了活字印刷術。印刷術傳入歐洲後，產生了很深遠的影響。15世紀，歐洲人製造了活字印刷機。活字印刷術大大推動了文藝復興運動和宗教改革，促進了人類的文明發展和社會進步。

糞肥農業技術

中國古代發達的農耕技術一直影響着周邊國家。清代時，朝鮮使節來到中國，回國後建議人們仿製中國農具，學習中國積糞蓄肥的方法，以改進朝鮮的農業生產。

水稻種植技術

中國種植水稻的歷史悠久，種稻技術西傳後，很多國家開始學習種稻。意大利人引來波河的水灌溉田地，種植水稻。

礦物顏料

礦物是中國古代繪製畫作與瓷器的重要顏料來源。你知道嗎？一些礦物顏料是從海外傳入的。自元代起，人們從南洋採購青花料製作青花瓷。

水泥

水泥的故鄉在遙遠的西方。18世紀中葉，英國的工程師把石灰石、黏土、鐵渣和沙子混合，用這種材料建造燈塔。後來，其他工程師把石灰石和黏土混合，在爐裏燒製成熟料，再磨細製成水泥。水泥傳入中國後，最初被稱為「洋灰」。19世紀末，中國人開始生產國產水泥。

化學肥料

歷史上中國農業一直使用傳統的肥料，現在使用的化肥最早是從國外傳入的。19世紀，西方人發明合成的尿素、磷肥、鉀肥、氫肥等化肥，這些肥料能給土地提供豐富的養分。20世紀上半葉，中國人開始自己生產化肥。

農業機械

中國早期使用的大型農業機械是從國外引進的，掌握了製造技術以後，中國人就開始生產自己的農業機械。中國最初引進的收割機是波蘭和捷克的搖臂收割機，後來引進蘇聯技術，製造了我國第一台聯合收割機。

了不起的中華大地：四方水土

中國土地遼闊，有險峻峽谷，有起伏丘陵；有一望無垠的平原，有阡陌相交的水田。東西南北，山川湖海，氣候和地理環境各不相同，土壤的成分和性質也各有特色。南方多紅土，土質濕潤；北方多黃土、黑土，土質乾爽；西北的戈壁沙漠，乾旱少水。

黃土

中國北部平原和西北黃土高原都是黃土地。廣袤的黃土地非常適宜種植旱地作物，比如小麥、玉米、棉花、棗、蘋果等。陝西等地的蘋果香脆可口。

紅土

中國長江以南的山地丘陵大多是紅土地。紅土養分低，酸性大，適合茶樹生長。在江西、湖南、浙江、安徽等地，都有大片大片的茶園。我國的茶葉種類繁多，歷史悠久，傳播到世界各地。

人們常感嘆「一方水土，養一方人」。其實，植物也一樣。不同地區的土壤，適合不同的農作物生長，生產出各具特色的地方土產。不同地區的人根據本地的氣候環境和土壤特點，因地制宜，發展適合當地的農業，追尋着最好的收穫。

磚紅土 海南島等地屬於熱帶氣候，那裏的土壤是磚紅土。酸性較強的磚紅土尤其適合生長熱帶水果，盛產香味濃郁的椰子，還有甘甜多汁的芒果和荔枝。

黑土 中國東北地區，氣候寒冷，冬季綿長。肥沃的黑土地上，長出茁壯的莊稼，產出豐富的糧食。東北的玉米、大豆、水稻都非常有名。

鹽鹼土

我國西部地區有很多鹽鹼土，植物在這裏很難生長。但是鹽鹼地裏也有了不起的寶貝，比如沙棗。新疆、甘肅等地出產的紅通通的沙棗，非常香甜。

沙土

有的土壤黏性很小，含有大量的細沙，叫作沙土。很多植物不喜歡沙土，而白胖胖的花生卻非常喜歡。中國山東省有很多沙土地，出產大量花生，被稱作「花生之鄉」。

了不起的**現代農業**

中國是農業大國，現代農業發展很快。來到廣闊的田野，你會看到各種大型農業機械正繁忙工作着：旋耕機伸出鋒利的刀片快速地翻動和粉碎土壤；耙機正打碎土地、平整土地；播種機、栽種機和插秧機把一粒粒種子和一株株秧苗放進土壤裏⋯⋯農業生產的機械化讓現代中國農民得以解放雙手。

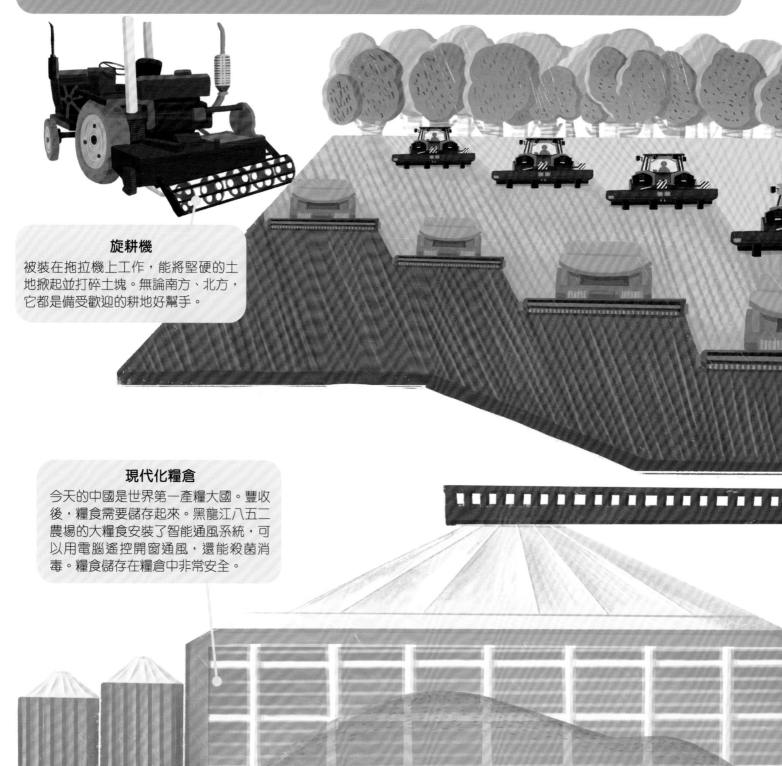

旋耕機

被裝在拖拉機上工作，能將堅硬的土地掀起並打碎土塊。無論南方、北方，它都是備受歡迎的耕地好幫手。

現代化糧倉

今天的中國是世界第一產糧大國。豐收後，糧食需要儲存起來。黑龍江八五二農場的大糧食安裝了智能通風系統，可以用電腦遙控開窗通風，還能殺菌消毒。糧食儲存在糧倉中非常安全。

現代農業是怎麼收割農作物的呢？看，大型聯合穀物收割機雄赳赳地碾壓着金色的田野，切割器割倒一叢叢沉甸甸的穀物，吞進機器內脫粒，只留下飽滿的糧食。採棉機將棉花從綻開的棉桃中摘出送入棉箱。先進的技術、方便的農業機械，讓農業收穫越來越多。中國人的糧倉越來越充實。

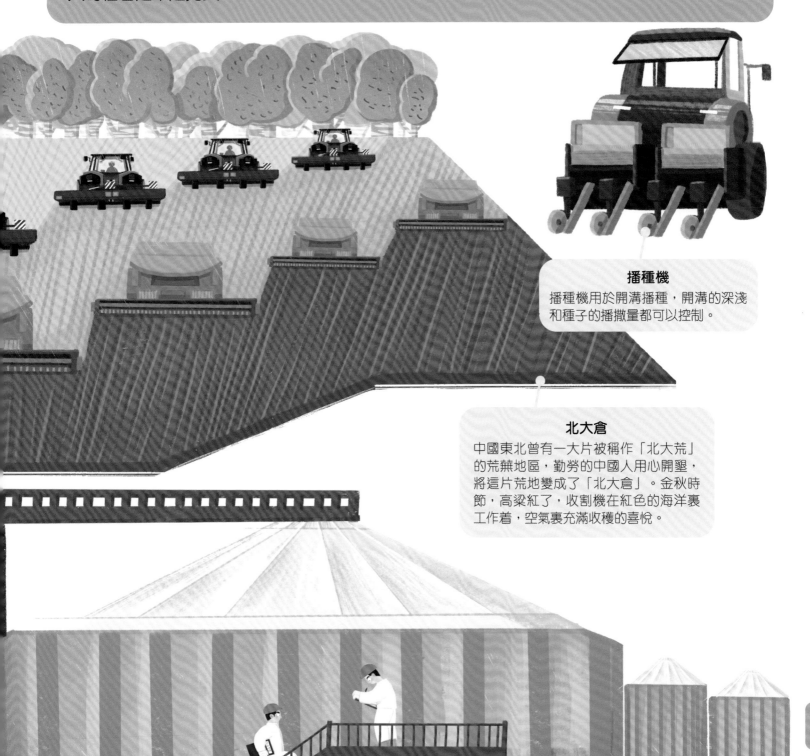

播種機
播種機用於開溝播種，開溝的深淺和種子的播撒量都可以控制。

北大倉
中國東北曾有一大片被稱作「北大荒」的荒蕪地區，勤勞的中國人用心開墾，將這片荒地變成了「北大倉」。金秋時節，高粱紅了，收割機在紅色的海洋裏工作着，空氣裏充滿收穫的喜悅。

了不起的現代水泥和混凝土

高樓大廈是現代城市的主要建築方式，水泥是修建大樓必不可少的好幫手。人們把石灰石、黏土等原料煅燒，再磨細製成水泥，水泥和水混合成水泥漿。一段時間後，水泥漿會變得堅硬。中國的建設事業飛速發展，高樓林立，中國的水泥產量和使用量多年居世界第一。

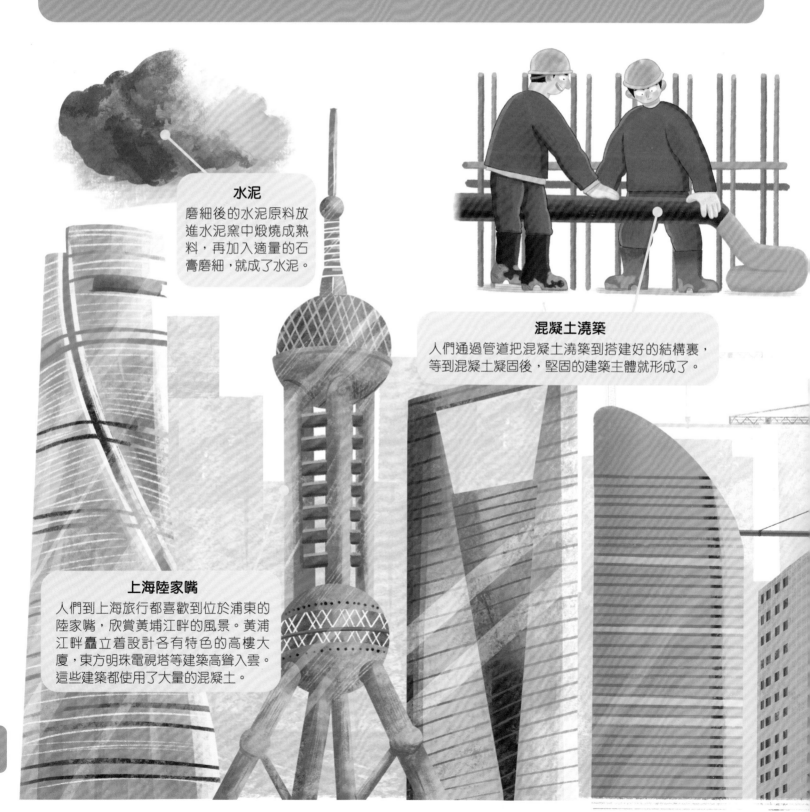

水泥

磨細後的水泥原料放進水泥窰中煅燒成熟料，再加入適量的石膏磨細，就成了水泥。

混凝土澆築

人們通過管道把混凝土澆築到搭建好的結構裏，等到混凝土凝固後，堅固的建築主體就形成了。

上海陸家嘴

人們到上海旅行都喜歡到位於浦東的陸家嘴，欣賞黃埔江畔的風景。黃浦江畔矗立着設計各有特色的高樓大廈，東方明珠電視塔等建築高聳入雲。這些建築都使用了大量的混凝土。

水泥可以讓很多物質黏合在一起，於是人們把水泥和砂、石子用水混合，製成了混凝土。混凝土可以牢固地凝結在一起，抗壓能力強。混凝土的出現，節省了人們建設的時間，減省建築人力，成為了建築行業的首選建築材料。建築工人用混凝土澆築起高樓大廈，也澆築起中國今天一座座繁華都市的全新面貌。

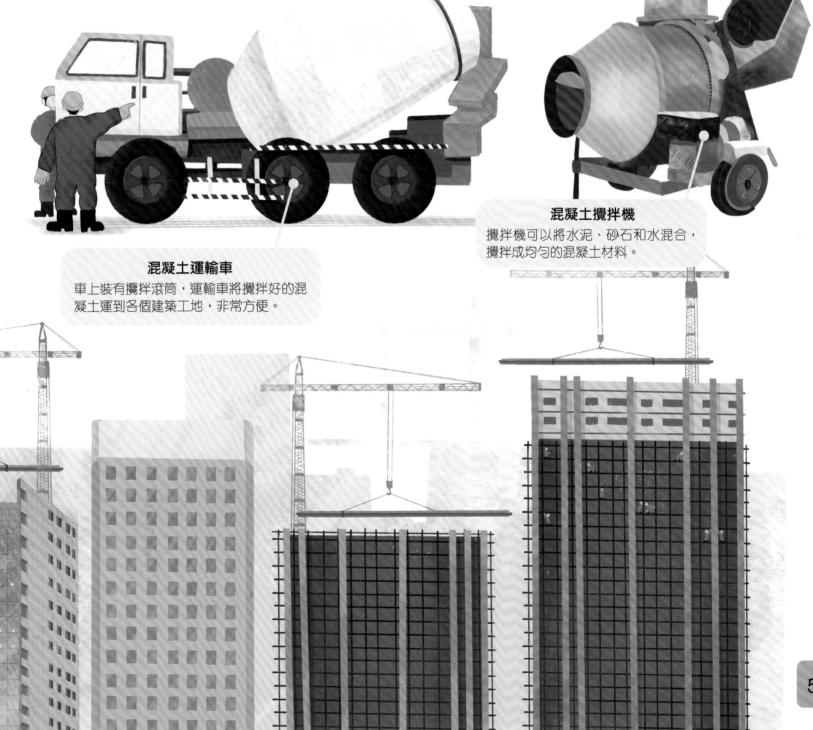

混凝土攪拌機
攪拌機可以將水泥、砂石和水混合，攪拌成均勻的混凝土材料。

混凝土運輸車
車上裝有攪拌滾筒，運輸車將攪拌好的混凝土運到各個建築工地，非常方便。

了不起的現代道路系統

陸地上的交通離不開道路。土地是每一條道路的堅實支撐，沒有土地道路就不會存在。今天，中國城市的道路系統非常發達，像是鋪展在大地上的密網。高架橋騰空而起，車輛川流不息；地鐵在地下穿梭運行，乘客不用擔心堵車。縱橫交錯的現代道路網絡，連結着我們每個人的生活。

架設高鐵箱樑
箱樑是修建橋樑時使用的一種樑。中國製造箱樑的技術世界領先。

公路土層結構

- 混凝土表層
- 混凝土中層
- 混凝土下層
- 水泥穩定碎石基層
- 水泥穩定碎石底基層
- 級配碎石墊層

挖掘機
大型挖掘機可以高效地挖掘出泥土。

壓路機
壓路機反覆碾壓土石，為公路壓實路基。

樑　拱

樁

車站支撐結構
地鐵站通常是地下建築，需要很堅固的支撐結構。

盾構機
盾構機是挖掘隧道的工程機器，它在挖掘隧道的同時還能將泥土運出，並臨時支撐隧道。

憑藉先進的技術，中國已經修建了無數條高速公路。它們穿越高山峽谷，橫貫平原大地，使出行更加方便快捷。中國高速公路里程已穩居世界第一。中國的高速鐵路網也非常發達，是世界上唯一高鐵成網運行的國家。現代道路系統日新月異，拉近了各地的距離，人們懷着對美好生活的嚮往，行駛在抵達夢想的道路上。

城市高架橋
城市高架橋可以跨越道路，在空中架起新的交通路線，減緩地面車輛擠塞的情況。

地下鐵路
修建地下鐵路可以疏導地面的交通流量，中國有很多城市都修建了地鐵。

了不起的**現代土地保護**

土地是大地之母，是人類和動植物共有的家園。如今，過度開發和受到污染的土地正在不斷退化。中國人已經意識到要用行動來保護這唯一的家園。人們努力改良在沙漠裏種植植物的方法，加強綠化，防治強風讓沙土流失，期望大地煥發生機。

防治土地沙漠化

在中國西北人煙稀少的沙化地區，人們將稻草、麥稭等一排排插在沙丘上。扎進沙土裏的草稭，風吹不走，沙埋不住，可以阻止沙丘流動。寧夏沙坡頭的治沙工程有效減少了風沙危害，為人類治理荒漠化事業作出了傑出貢獻。

知識是前行的明燈。中國人一直在不斷探索，用科學的方法改良土壤，改善環境。通過因地制宜的種植方式，讓土地休養生息、慢慢恢復元氣，避免破壞大自然的生態平衡。人們正在努力重建與大地的和諧關係，讓人類了不起的文明得以延續。

吸收重金屬污染物的植物

人們種植可以吸收重金屬的植物，通過植物生長將污染物移出土壤，讓土地恢復清潔。

東南景天

可以有效地吸收土壤中的鋅、鎘、鉛等物質。

遏藍菜

莖桿可以吸收大量的重金屬。

改善土壤酸化

長期大量使用化肥或降雨量多且集中的氣候，都會導致土壤酸化，使農作物生長不良，甚至死亡。人們會在酸化的地裏撒上適量生石灰後翻耕，藉此改善土壤酸化。

退耕還林

有些地方植被破壞得很嚴重，雨水沖走了大量的泥土，造成水土流失現象。人們在耕地上種樹、種草，保護水土。

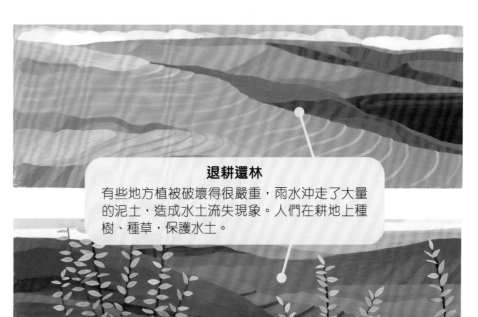

土的小課堂

土壤和岩石的秘密

你知道土壤是怎麼來的嗎？它和堅硬的岩石，其實有着密不可分的關係。

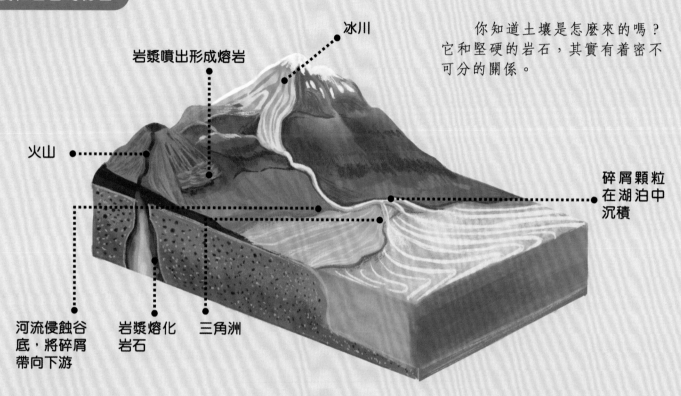

冰川

岩漿噴出形成熔岩

火山

碎屑顆粒在湖泊中沉積

河流侵蝕谷底，將碎屑帶向下游

岩漿熔化岩石

三角洲

岩漿噴發形成岩石

地球的構造就像一顆雞蛋，地殼像雞蛋殼。「雞蛋殼」外面有土壤和岩石，我們就生活在地殼的表層上。地殼深處有滾燙的岩漿，可以熔化堅硬的內部岩石。岩漿通過火山口噴出，冷卻後凝固成了岩石。

岩石變成碎屑

大塊岩石在外力的反覆影響下，不斷地崩解分裂，由大變小，由粗變細，最後成為碎屑，在地表沉積。

形成土壤

地表上的岩石碎屑中含有礦物質，而地上的動植物死亡後會慢慢分解，產生腐殖質，形成有機物質。這些都是土壤的主要成分，為植物提供養分。土壤的形成可是一個非常非常漫長的過程，可能要經歷幾千萬年甚至幾億年。

土的小趣聞

土也可以做菜？

江南有一道名菜——叫花雞，相傳是一個叫花子（乞丐）所創的。他偶然得到一隻雞，由於沒有鍋灶，也沒有熱水去除雞毛，他只好就地取來濕乎乎的黃泥巴，用荷葉把雞包裹住，扔進火裏燒。等到泥巴乾裂時使勁一掰，雞毛脫落，香噴噴的叫花雞就燒成了。黏黏的黃泥就這樣在不經意間烹製出了美食。

土也可以吃？

中國河南省有一個地方叫王屋山，那裏出產一種特有的觀音土，饑荒年代的人們曾用它來填肚子。今天，人們在麵粉裏加入雞蛋、芝麻、花椒葉等食材，揉成麵團後，切成像花生大小的麵塊，放入鍋內，和這種觀音土一起烘焙，做成顏色微黃的「土炒饃」。這種饃外酥內脆，非常好吃。

土可以用來滅火？

水火不容，因為水是火的剋星。不過，土也可以滅火。土能隔絕氧氣，使燃燒的火苗因為缺氧而熄滅。在山上或者其他離水源很遠的地方，如果遇見了失火，可以用泥土將火撲滅。不過，火災很危險，小朋友們萬一遇到火災，千萬不要擅自行動啊！

土也可以做清潔劑？

人們飼養的家豬為了降溫和保護皮膚，常喜歡去泥坑裏打滾，看上去很髒！你知道嗎？泥土其實也有清潔的作用。當手上沾上油脂時，用泥土揉搓，再用水沖洗，油污就很容易去掉。

了不起的中國人

土——從泥土製陶到現代農業

作　　者：狐狸家
責任編輯：胡頌茵
美術設計：張思婷
出　　版：新雅文化事業有限公司
　　　　　香港英皇道 499 號北角工業大廈 18 樓
　　　　　電話：(852) 2138 7998
　　　　　傳真：(852) 2597 4003
　　　　　網址：http://www.sunya.com.hk
　　　　　電郵：marketing@sunya.com.hk
發　　行：香港聯合書刊物流有限公司
　　　　　香港荃灣德士古道 220-248 號荃灣工業中心 16 樓
　　　　　電話：(852) 2150 2100
　　　　　傳真：(852) 2407 3062
　　　　　電郵：info@suplogistics.com.hk
印　　刷：中華商務彩色印刷有限公司
　　　　　香港新界大埔汀麗路 36 號
版　　次：二〇二二年一月初版
版權所有·不准翻印

ISBN:978-962-08-7913-5

Traditional Chinese Edition © 2022 Sun Ya Publications (HK) Ltd.
18/F, North Point Industrial Building, 499 King's Road, Hong Kong
Published in Hong Kong, China
Printed in China

本書繁體中文版由四川少年兒童出版社授權香港新雅文化事業有限公司
於香港、澳門及台灣地區獨家發行。